给孩子
插上科学
的翅膀

U0220870

为什么
云朵不会掉下来

温会会◎文　　曾平◎绘

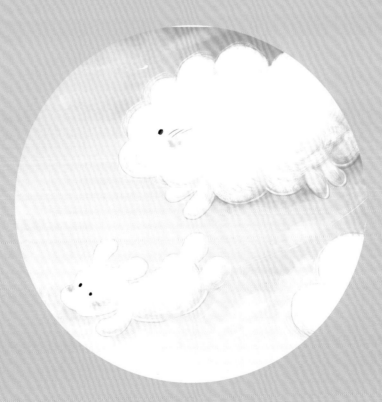

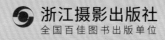

浙江摄影出版社

全国百佳图书出版单位

蓝蓝的天空中，飘着朵朵白云。
瞧，它们形状各不相同，有的像
骏马，有的像绵羊，还有的像小狗，
有趣极了！

咦，云朵们悬挂在高高的天上，
为什么不会掉下来呢？

我们先来了解一下云朵是如何形成的吧！

在太阳的照射下，地面上的水受热，逐渐变成轻飘飘的水蒸气，飘浮到半空中。

是啊，让我们一起变身，离开地面，飞到空中去！

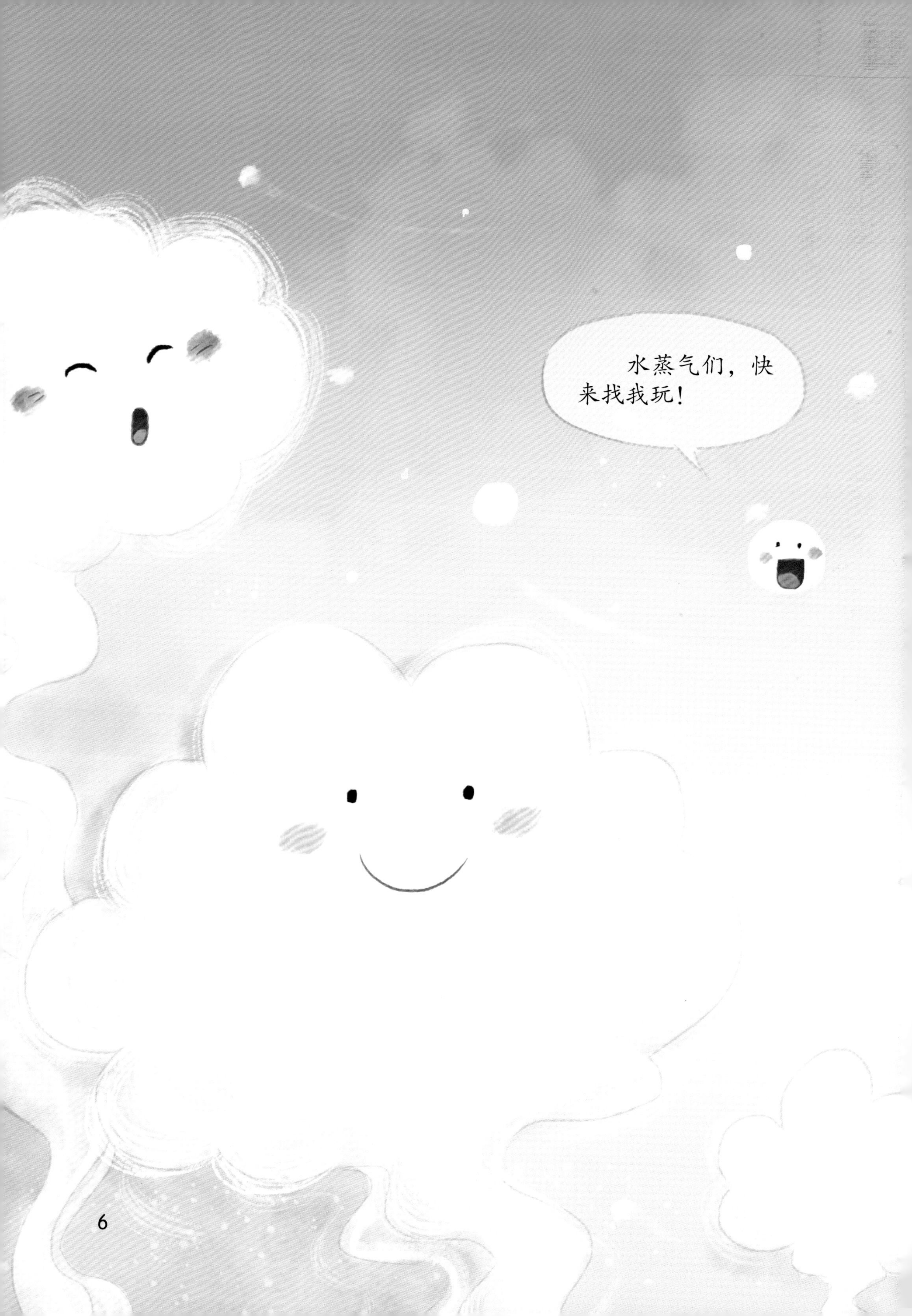
水蒸气们，快来找我玩！

茫茫的天空中，飘浮着不少我们看不见的微小尘埃。

水蒸气从四面八方而来，聚集在微尘的周围。

水蒸气越升越高，由于周围的空气越来越稀薄，气压越来越低，温度也随之降低。

你有没有感觉到冷？

渐渐地，水蒸气们遇冷，变成了众多小水滴和小冰晶。

有啊，我快要凝结了！

当灿烂的阳光洒满天空时，众多小水滴和小冰晶相互拥抱着，依附在尘埃、盐粒等凝结核上，将阳光散射到各个方向。

看，我们所能见到
的云朵诞生啦！

50万千克

天空中的云朵有着不同的重量。
一朵普通的云，就重约 50 万千克，相
当于 100 头大象！

这么重的云朵，为什么能飘浮在天空中呢？

我们看起来轻飘飘，其实沉甸甸！

由于地球的吸引，物体会受到
竖直向下的重力。

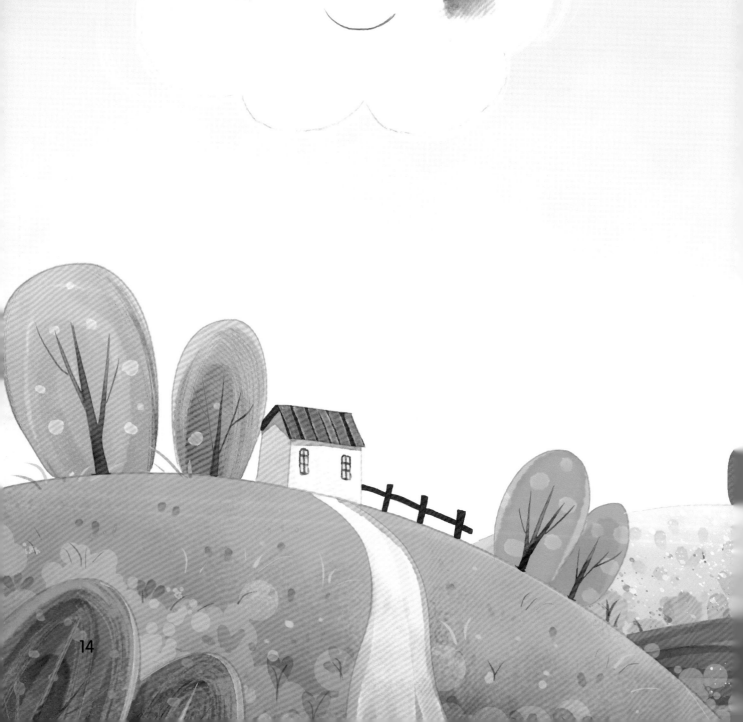

受重力的影响，地球附近的物体往往会落向地面。

可是，云朵为什么不会掉下来呢？

15

看，当风的速度超过了云掉落的速度，云就会被风托举而起，从而悬浮在空中。

就算云有一小部分以"雨"的形式掉下来，也不影响它的悬浮。

掉下来的云，会随着温度的增加重新变成水蒸气，并向上飘浮。到达一定高度之后，它们又会遇冷凝结成云啦！

我们又回来啦！

空中的云朵，不仅很沉，体积也很大。
　　一般的云朵总体积都要超过 2 立方千米。

我们的体积大又大！

在空中，除了风的托举，云朵还会受到空气向上的浮力。

由于云朵的体积庞大，受到的浮力也很大。

因此，小朋友们
请放心，云朵并不会
掉下来！

责任编辑　李含雨
责任校对　高余朵
责任印制　汪立峰　陈震宇

项目设计　北视国

图书在版编目（CIP）数据

为什么云朵不会掉下来 / 温会会文；曾平绘 . --
杭州 ：浙江摄影出版社，2023.12
（给孩子插上科学的翅膀）
ISBN 978-7-5514-4752-2

Ⅰ . ①为… Ⅱ . ①温… ②曾… Ⅲ . ①云—少儿读物
Ⅳ . ① P426.5-49

中国国家版本馆 CIP 数据核字（2023）第 226843 号

WEISHENME YUNDUO BUHUI DIAO XIALAI
为什么云朵不会掉下来
（给孩子插上科学的翅膀）

温会会　文　曾平　绘

全国百佳图书出版单位
浙江摄影出版社出版发行
　　地址：杭州市体育场路 347 号
　　邮编：310006
　　电话：0571-85151082
　　网址：www.photo.zjcb.com
制版：杭州市西湖区义明图文设计工作室
印刷：北京天恒嘉业印刷有限公司
开本：889mm×1194mm　1/16
印张：2
2023 年 12 月第 1 版　2023 年 12 月第 1 次印刷
ISBN　978-7-5514-4752-2
定价：39.80 元